此笔记本属于

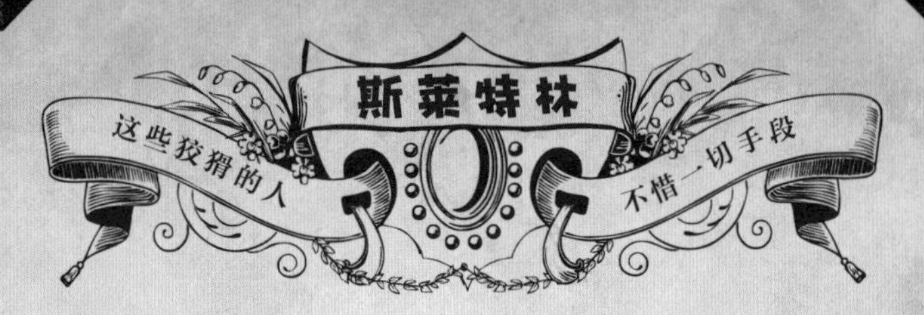

霍格沃茨魔法学校四学院之一，以学校创始人萨拉查·斯莱特林的名字命名。萨拉查·斯莱特林早年间在霍格沃茨创建了密室，来清除校内麻瓜出身的学生。分院帽以精明、狡猾、有野心为标准，来选择进入斯莱特林学院的学生。在第一部电影里的分院仪式上，罗恩·韦斯莱告诉哈利·波特："所有变坏的巫师都是斯莱特林出来的。"

西弗勒斯·斯内普

斯内普是斯莱特林学院的院长，这位混血巫师在前五部电影中是学校的魔药课教授。之后，斯内普教授担任过黑魔法防御课的教授和霍格沃茨的校长，最终在对抗伏地魔的大战中起到了非常重要的作用。

德拉科·马尔福

德拉科·马尔福生于一个富有而古老的纯血统家族，在校内担任斯莱特林学院的级长和斯莱特林魁地奇队的找球手。他是哈利的死对头，两人之间的纠葛持续了很长时间。

贝拉特里克斯·莱斯特兰奇

食死徒，伏地魔忠诚的仆人。贝拉特里克斯·莱斯特兰奇曾被送入阿兹卡班，并被判处无期徒刑。越狱后，贝拉特里克斯再度成为了伏地魔狂热的追随者，她似乎以战斗为乐。

汤姆·里德尔

他早早成了孤儿，父亲老汤姆·里德尔是一个富有的麻瓜，母亲梅洛普·冈特则是一名纯血统女巫，是萨拉查·斯莱特林的直系后代。这位混血巫师便是后来令人闻风丧胆的伏地魔。

哈利·波特

斯莱特林学院笔记

美国华纳兄弟公司／编写
人民文学出版社编辑部／译

人民文学出版社
PEOPLE'S LITERATURE PUBLISHING HOUSE

HOGWARTS

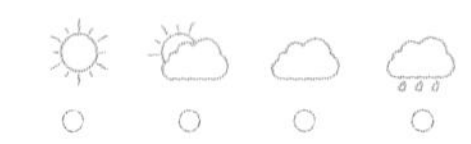

HOGWARTS

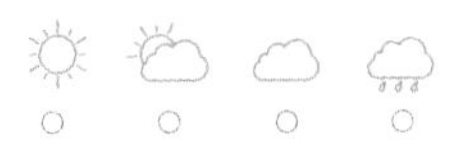

HARRY POTTER

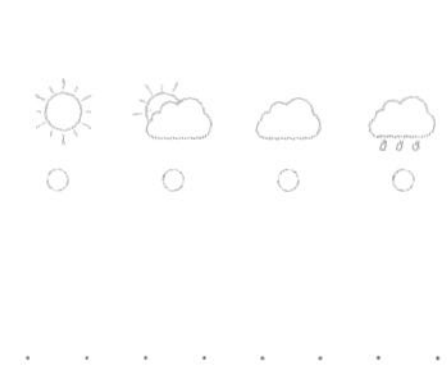

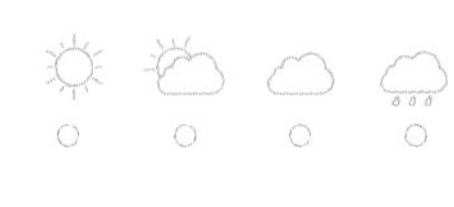

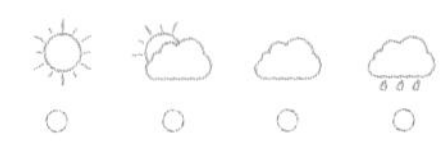

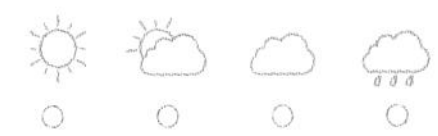

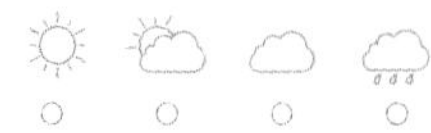

HOGWARTS

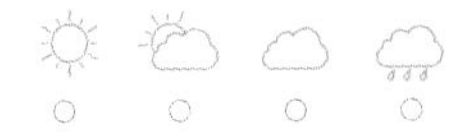

HOGWARTS

HARRY POTTER